BERICHTE ÜBER DIE VERHANDLUNGEN DER SÄCHSISCHEN AKADEMIE DER WISSENSCHAFTEN ZU LEIPZIG

Mathematisch-naturwissenschaftliche Klasse

Band 97 · Heft 1

ERICH STRACK

BEOBACHTUNGEN ÜBER DEN ENDOGENEN ANTEIL DES KOT-STICKSTOFFS

1949

AKADEMIE-VERLAG · BERLIN

BERICHTE ÜBER DIE VERHANDLUNGEN DER SÄCHSISCHEN
AKADEMIE DER WISSENSCHAFTEN ZU LEIPZIG

Mathematisch-naturwissenschaftliche Klasse

Band 97 · Heft 1

ERICH STRACK

BEOBACHTUNGEN ÜBER DEN ENDOGENEN ANTEIL DES KOT-STICKSTOFFS

1949

AKADEMIE-VERLAG · BERLIN

Erschienen im Akademie-Verlag GmbH., Berlin NW 7, Schiffbauerdamm 19
Lizenz-Nr. 156 · 4168/48 - 5494/48
Satz und Druck der Gewerkschaftsdruckerei Leipzig M 316 · Auftrags-Nr. 2251
Bestell- und Verlagsnummer: 2027/97/1
Preis: DM 2,50

SITZUNG VOM 22. JANUAR 1945

Beobachtungen über den endogenen Anteil des Kot-Stickstoffs

Von Erich Strack

Vorgelegt von Herrn Thomas

Bei einer Reihe von Fragen des Eiweißstoffwechsels, der Eiweißausnutzung der Nahrung, des Eiweißminimums und seiner Beeinflußbarkeit usw. ist es wichtig, den Kot-N in der Bilanz der N-Stoffe zu kennen und zu bestimmen, weil er ein variabler Faktor ist. Er setzt sich aus endogenen, dem Körper entstammenden und exogenen, aus der Nahrung herkommenden Anteilen zusammen, die in ihren Mengen unbekannt sind. Im Hunger oder bei N-freier Nahrung ist die Herkunft insofern eindeutig, als aller Kot-N endogenen Ursprungs sein muß, gleichgültig, ob er in niedermolekularen oder hochmolekularen Verbindungen oder als Bakterieneiweiß vorliegt. Die Verhältnisse werden aber sofort undurchsichtig, wenn spezielle Fragen des Eiweißhaushalts studiert werden sollen. Dann ist der Anteil, der sich aus intermediären Umsetzungen herleitet, anders zu beurteilen, als jener Teil, der als Rest der Verdauungssäfte, der Darmabschilferungen usw. ausgeschieden wird. Leider gibt es bisher kein Verfahren, mit dem der Kot-N eindeutig aufgeteilt werden kann.

Bei kurzen N-Bilanzen genügt es, wie die Erfahrung lehrt, lediglich Harn-N und Kot-N zu bestimmen. Beide spiegeln mit ihren Änderungen die Vorgänge des Eiweißhaushaltes genau genug wider. Andere Stellen der N-Abgabe, wie Schweiß, Hautanhänge, Abschilferungen treten ihnen gegenüber zurück oder sind soweit konstant, daß sie außerhalb der Bilanzschwankungen bleiben dürfen. Diese Annahme gilt natürlich nicht für besondere Verhältnisse wie z. B. bei Laktation. Bei Bilanzen mit N-freien Nährstoffen ist auch der endogene Kot-N, der letztlich dem intermediären Stoffwechsel entstammt, häufig für die N-Bilanzen vernachlässigt worden, so daß allein der Harn-N die Meßgröße war. So zu verfahren ist nicht fehlerhaft, solange der endogene Kot-N unter den wechselnden Versuchsbedingungen klein oder wenig veränderlich bleibt und damit Schwankungen des Harn-N nicht verfälscht.

Wir beabsichtigen im Rahmen unserer Stoffwechseluntersuchungen mit Hilfe kontinuierlicher Dauerinfusionen auch die eiweißsparende Wirkung von Nährstoffen im N-Minimum zu studieren. Der flüssige Nährstoff läuft hierbei durch eine Duodenal- oder Ösophagusfistel in den Darm ein. Das Verfahren schafft sehr übersichtliche und vergleichsfähige Verhältnisse, ohne daß die Resorptionsvorgänge fehlgeleitet werden. Es schließt aber doch nicht von vornherein aus, daß gegenüber der physiologischen Nahrungsaufnahme der Stoffwechsel-N andersartig verteilt wird. Bei den kleinen N-Umsätzen im N-Minimum machen schon geringe Änderungen im Kot-N anteilmäßig viel aus. Sie verfälschen unter Umständen die Wirkungsbilder für die verschiedenen Nährstoffarten und ihre verschieden großen Mengen. Die Kenntnisse über die N-Verteilung sind zu wenig gefestigt, als daß man die bisher bekannt gewordenen Grundzahlen auf neue Versuchsanlegungen übertragen könnte. Muß man schon die Unsicherheit durch die einzelnen N-Fraktionen in Kauf nehmen, so soll man hier zumindest den Umfang der Gesamtausscheidung des endogenen Kot-N und ihr Verhältnis zum Harn-N kennen. Diese Frage aufzuhellen sollen die folgenden Ausführungen beitragen. Von den Versuchen, die diesen Betrachtungen zugrunde liegen, sind ein Teil bereits an anderen Orten veröffentlicht worden, der weitere Teil wird demnächst im Rahmen anderer Betrachtung erscheinen.

Erläuterungen zu den Tabellen

Die Tabellen enthalten in der Kolumne der Nährstoffe die durchschnittlich gefütterte tägliche Menge. Diese Menge ist ein Tagesmittel, das aus der Summe der einzelnen Tagesmengen dividiert durch die Zahl der Fütterungstage errechnet wurde. Die einzelnen Tagesmengen weichen in einigen Versuchen zum Teil erheblich vom Mittelwert ab. Die bei jedem Versuch vorkommenden Hungertage sind bei dieser Berechnung nicht einbezogen. Sind mehrere Nährstoffe gleichzeitig oder nacheinander gefüttert worden, so ist ihre durchschnittliche Menge in gleicher Weise für die ihr eigenen Versuchstage ermittelt.

Bei den Fetten enthält die folgende Kolumne den Trockenrückstand des Ätherextraktes des Kotes, der als gefüttertes Fett berechnet in Prozent der Zufuhr angegeben ist. Er soll einen Überblick über die resorbierte Menge geben.

Die Kolumne der Versuchstage gibt deren Gesamtzahl einschließlich der Hungertage an, die zwischen den Kotabgrenzungen liegt. Sie dient als Grundzahl, mit der die tägliche Ausscheidung berechnet wurde. Um den Anteil der Hungertage an der Versuchsperiode kenntlich zu machen, ist ihre Anzahl eingeklammert aufgeführt.

Die Kolumne über das Körpergewicht während der Versuchszeit besagt: Anfang und Endgewicht sowie darunterstehend das aus diesen beiden Werten errechnete Mittelgewicht. Der Wert des letzteren ist in der Berechnung der N-Ausscheidung für das Kilo und für die Oberfläche zugrunde gelegt. Der Ansatz eines solchen Mittelgewichts verzerrt in manchem die Ergebnisse. Aber auch das Anfangsgewicht ist durch die ungleichartige Vorernährung, durch allgemeine körperliche Verschiedenheiten rassischer und versuchsbedingter Art beträchtlichen Schwankungen unterworfen und berücksichtigt die Gewichtsabnahme während der Versuchszeit nicht, so daß die mit ihm errechneten Werte eine wohl noch weniger brauchbare Grundlage bilden dürften.

In der Kolumne der N-Werte enthält bei jedem Versuch die obere Reihe die des Kotes, die untere die des Harnes, und aufeinanderfolgend Gesamtausscheidung, tägliche Menge, Ausscheidung pro Kilo und Tag, Ausscheidung pro m^2 Oberfläche und Tag. Die Oberfläche wurde nach der MEEHschen Formel $O = 0{,}113 \sqrt[3]{(\text{kg Körpergewicht})^2}$ berechnet.

Die letzte Kolumne zeigt an, in welchem Umfang der Kot-N gegenüber dem Harn-N an der N-Ausscheidung beteiligt ist, ausgedrückt als Prozente des Harn-N.

Die Versuche 3, 4, 5, 9, 12 sind unter (1), die Versuche 7 und 8 unter (2) mit Einzelheiten schon veröffentlicht worden.

Im Versuch 6 war die Ölzufuhr ungenau. Vermutlich wurde weniger Öl verabreicht. — Im Versuch 10 war während 4 Öltagen zugleich täglich 21 g Glyzerin mitinfundiert. — Im Versuch 16 war während der Ölperiode 5 Tage lang täglich je 20 g Glyzerin mitinfundiert. — Im Versuch 17 folgten nach 2 Hungertagen 8 Ölsäuretage, mit den letzten der 3 Tage war zugleich je 20 g Glyzerin mitinfundiert. Anschließend 2 Zuckertage mit 18 g täglich. — Im Versuch 18 war zwischen 3 Wassertagen und 2 Glyzerintagen mit Wasser ad libid. je ein Hungertag eingeschoben. — Im Versuch 19 wechselten Hunger- und Glyzerintage ab. Wasser ad libid. — Glyzerintage waren: Im Versuch 22 Tag 3—10; im Versuch 23 Tag 6—8 und 12—14; im Versuch 24 Tag 9—14; im Versuch 25 Tag 6—11.

Ein gleicher Hund wurde in folgenden Versuchen verwendet: 8 und 12; 7, 9 und 16; 10, 19, 28 und 29; 14 und 15; 17 und 1; 18 und 22; 2, 23, 25, 26 und 27.

Die Gewinnung der N-Werte. Der Harn wurde täglich durch Katheterisieren abgegrenzt. Sein N-Gehalt ergab sich nach KJELDAHL.

Der Kot wird bei den Zwangsfütterungen mit Wasser, Glyzerin und noch gut ausnutzbaren Mengen Fett, nur in längeren

Zeitabständen wie im Hunger entleert. Die einem kürzeren Zeitabschnitt zuzuordnende Menge Kot ist daher nicht festzustellen. Grenzt man hier zum Beispiel täglich mit voluminösem Material ab, so wird das wahre Verhalten des Kot-N mehr verdeckt als klargelegt. Füllstoffe vermehren nicht nur die Kotmenge, sondern auch den Kot-N. Über ihre Wirkungen sind jedoch kaum eingehendere Untersuchungen angestellt, und es ist heute noch offen, ob neben der reinen Mengenwirkung auch eine spezifische Reizwirkung des Abgrenzungsstoffes besteht. So könnten z. B. bei der von uns gebrauchten Kieselgur kleinkörnige Bestandteile die Schleimhaut reizen und eine zusätzliche N-Ausscheidung hervorrufen. Um solche mechanische Reizwirkungen möglichst auszuschließen, haben wir die Kieselgur 4—5mal geschlemmt, bis mit Finger und Zunge geprüft, keinerlei körnige Beschaffenheit mehr nachweisbar war.

Die zur Abgrenzung benötigte Menge an Kieselgur war nicht in allen Versuchen gleichgroß. Um eine rasche, in einigen Stunden eintretende Kotentleerung zu erzwingen, mußte zuweilen ein mehrfaches an Kieselgur als in anderen Versuchen verabreicht werden. Der Kot-N war mit der größeren Menge nicht deutlich vermehrt, was hier sicherlich mit der nur kurzen Verweildauer des unmittelbar in den Darm gespritzten dünnen Breies zusammenhing. Entleert wurde die Kieselgur meist als ziemlich trockene, pulverig zerfallende Brocken. Die zu Beginn des Versuches entleerte Kieselgur wurde verworfen bis auf die kleinen späten Anteile, die auch schon äußerlich sichtbar Versuchskot enthielten. Sie, sowie der spontan entleerte Kot und die am Ende enthaltene Abgrenzungskieselgur, wurden gemeinsam verarbeitet.

Bei jenen Fällen, bei denen ein öliger Kot oder Reizstuhl ausgeschieden wurde, war es zum Teil nicht möglich, den Kot quantitativ und unvermischt zu erhalten. Der Kot wurde in solchen Fällen täglich einmal oder mehrmals in kleinen Portionen entleert. Er vermischte sich im Stoffwechselkäfig mit Harn und konnte von ihm nicht vollständig abgetrennt werden.

Versuche dieser Art, deren Anzahl beträchtlich ist, wurden zu der vorliegenden N-Auswertung nicht herangezogen. Der Kot-N war in ihnen nach vollzogener Trennung des flüssigen und festen Anteils erhöht. Er überschritt aber im Verhältnis zum Harn-N selten die Grenze von 10%.

Der erhaltene Kot wurde gegebenenfalls unter Zusatz weiterer Kieselgur mit Wasser und wenig verdünnter Salzsäure verrieben, auf dem Wasserbad zur Trockne gebracht, in der Reibschale pulverisiert und gesiebt. Äquivalente Teile des staubtrockenen Pulvers wurden zur N-Bestimmung nach KJELDAHL verascht. Die Doppelbestimmungen stimmten überein. Bei diesem Verfahren ließ sich leider nicht das Gewicht des reinen Kotes ermitteln, so daß der prozentuale Gehalt an N offen bleiben mußte.

Der besondere Einfluß der voluminösen Kieselgur auf die N-Ausscheidung ist sicherlich nicht allzuhoch anzusetzen. Die Versuchsperioden sind verhältnismäßig lang, und die zweimalige Kieselgurzufuhr zeigt zudem bei den kürzeren Versuchen keinen eindeutigen Einfluß gegenüber den langen Perioden. Trotzdem ist es nicht ausgeschlossen, daß die unvermeidliche Abgrenzung die Werte bei den verschiedenen Nährstoffen geringfügig angeglichen haben mag.

Eine gewisse Schwierigkeit Harn-N und Kot-N aufeinander zu beziehen, ist noch darin zu sehen, daß die tägliche Kotmenge nicht exakt zu bestimmen ist. Insbesondere könnte dieses Manko dann eine Bedeutung erlangen, wenn die Ernährungsbedingungen in der Periode geändert werden. Bei unseren Versuchen sind stets einige Hungertage eingeschlossen, zuweilen wechselnd große Nährstoffmengen zugeführt oder zwei Nährstoffe gleichzeitig verabreicht worden. Wir haben die Kotbildung als gleichmäßig verteilt angesetzt. Daß während eines Versuches die tägliche Kot-N-Bildung im Darm von Tag zu Tag schwanken kann, ist nicht unwahrscheinlich. Der Harn-N schwankt trotz gleichmäßiger Zufuhr und peinlicher Abgrenzung zuweilen nicht unerheblich. Die zeitliche Verteilung in einer Periode ist dann von Bedeutung, wenn das jeweilige intermediäre N-Geschehen den endogenen Anteil des Kot-N maßgeblich mitbildet.

Besprechung der Ergebnisse

Den vom Körper gelieferten Anteil des Kot-N — unseren endogenen Anteil — bezeichnete RUBNER „Stoffwechsel-N“. Er läßt sich weiter unterteilen. So kann man den exkretorischen Anteil (= den endogenen Kot-N B. H. SCHNEIDERS, der für jedes Tier konstant sein soll), von dem mit der Nahrung variierenden Anteil, oft „sekretorischer“ genannt, abgrenzen. Schwankungen des letzteren spiegeln somit besonders charakteristisch die Wirkungen eines Nährstoffs wider. Sie wären demzufolge die alleinige Ursache, wenn der endogene Gesamtkot-N bei verschiedenen Nährstoffen geändert ist. Dies ist nicht unsere Anschauung, wie folgende Ausführungen darlegen.

Notwendig für das Studium von Nahrungseinflüssen ist ein vergleichsfähiger Grundwert. Hierfür benutzte man in überwiegendem Maße den im Hunger ausgeschiedenen Kot-N. Er hat seine Quellen in dem N, der als intermediäre N-Schlacke exkretiert wird, und in den Überbleibseln der Zellabschilferungen und der Sekrete. Wie weit beide Quellen untereinander variieren wird von den einzelnen Autoren verschieden beantwortet. Wir setzen hier den im Hunger ausgeschiedenen Kot-N in seiner Gesamtheit als Grundwert an. Er ist eine etwas unsichere Basis, weil er für verschiedene Individuen stark schwankt. Man kann deshalb nur aus größeren Versuchsreihen reelle Unterschiede ableiten. Einheitliches und eindeutiges Versuchsmaterial liegt bisher kaum vor.

Beim Menschen bewegt sich der Hungerkot-N zwischen 0,116—0,316—0,446 g N täglich. Beim Hund, bei dem vergleichsweise die Hungerkotbildung größer als beim Menschen ist, wird sie zusätzlich natürlich noch von der stark schwankenden Körpergröße bestimmt. Bei einem Gewicht von 6 kg wurden 0,87 g bei einem Gewicht von 37 kg 4,84 g Kot im Tag ausgeschieden. Da Hungerkot in seinem N-Gehalt ziemlich gleichbleibend zusammengesetzt ist (5,04—7,96%, im Mittel 6,5%), so ergibt sich eine Ausscheidung von 57 bzw. 315 mg täglich. E. VOIT, der an Befunden früherer Autoren die Gewichtsschwankungen eliminierte, errechnete für Kilo und Tag 4,7—9,4 bzw. im Mittel 7 mg. Nach ihm ist es für Vergleiche besser, auf die Oberfläche zu beziehen. Er fand dann 118—224 bzw. im Mittel 174 mg N für m^2/Tag. Für Ratten ermittelte B. H. SCHNEIDER als Mittelwert 240 mg und für Schweine 224 mg N m^2/Tag. Sicherlich hat die Art der Oberflächenermittlung Einfluß auf die Wertgrößen. Wir haben sie nach der MEEHschen Formel und einem Versuchsmittelgewicht errechnet, um mit den VOITschen Angaben vergleichen zu können, die meist ebenfalls an Hunden erhoben wurden.

Tabelle 1

Hunger	Versuchstage	Körpergewicht kg	N-Ausscheidung g gesamt	täglich	kg/Tag	m^2/Tag	Kot N Harn N %
1.	15	19,8—15,2	1,48	0,099	0,0057	0,133	2,1
		17,4	70,7	4,71	0,271	6,212	
2.	10	17,6—16,0	1,72	0,172	0,0102	0,232	6,8
		16,8	25,2	2,52	0,150	3,400	

Unsere beiden Hungerversuche 1 und 2 streuen mit 5,7 und 10,2 mg bzw. 133 und 232 mg beträchtlich; im Mittel errechnet sich 7,9 mg N kg/Tag bzw. 182 mg N m^2/Tag. Die Werte liegen den bisher bekannt gewordenen Grenzwerten nahe. Sie zeigen, wie auch aus dem Schrifttum ersichtlich, daß der Einzelversuch, individuell beeinflußt, erheblich vom Mittelwert abweichen kann. Hierbei ist hervorzuheben, daß unsere Ergebnisse nicht vom Ernährungszustand oder auffallenden Unterschieden in der Körpergröße beeinflußt sind, wie es VOIT beobachten konnte. Beide Tiere sind etwa gleich schwer, befinden sich in gutem Ernährungszustand und stehen sich sogar rassisch nahe. Bemerkenswert war jedoch bei beiden die unterschiedliche Gewichtsabnahme während der Hungerperiode und die mit ihr gleichsinnig verlaufende Größe des ausgeschiedenen Gesamt-N. Im Versuch 1 wurde dem Tier täglich etwa 6 ccm Blut entnommen. Dieser Eingriff ist aber nicht die alleinige Ursache des unterschiedlichen Verhaltens. Bemerkenswerterweise verhält sich hier Harn-N und Kot-N anders zueinander, als nach den Ergebnissen bei den meisten anderen Versuchen zu erwarten war.

Interessant ist es weiterhin, zu vergleichen, wie sich in dieser Hinsicht der Kot-N des gleichen Tieres in verschiedenen Versuchen bei gleichem Nährstoff verhält. Der in Versuch 2 benutzte Hund diente auch für die Glyzerinversuche 23 und 25—27. Der Versuch 23, 25 und 26 sind vergleichbar. Hier wurden bei höherem Gesamt-N 4,6; 5,5 und 3,5 mg kg/Tag im Kot ausgeschieden. Der Versuch 27 verhielt sich dagegen ähnlich wie Versuch 2. Gleichmäßig liegen die Werte bei den Versuchen 28 und 29 mit 8,8 und 7,6 mg N — trotz eines nicht unerheblichen Gewichtsunterschiedes —, bei den Versuchen 9 und 16 mit 14,7 und 15,6 mg N und bei den Versuchen 18 und 22 mit 9,6 und 10,2 mg N. Dagegen besteht bei den Versuchen 14 und 15 mit 30,5 und 16 mg N kg/Tag ein beträchtlicher Unterschied. Bei diesen beiden in der Anlage gut vergleichbaren Versuchen besteht wiederum eine beträchtliche Differenz in der Gesamtausscheidung des N. Im allgemeinen besteht die Tendenz, daß bei gleichem Tier, wenn keine besonderen Versuchsbedingungen Einfluß ausüben, der Kot-N nur wenig schwankt. Man könnte also einen individuell konstanten Grundwert unterstellen. Eine solche Annahme machte schon SCHNEIDER, der sie in seinem konstanten endogenen Kotanteil herausstellt. Doch scheinen Beziehungen zwischen Gesamt-N und Kot-N zu bestehen, die eine Konstanz nicht zulassen, wie unten noch erörtert werden soll.

Den Einfluß, den Olivenöl auf den Kot-N ausübt, zeigen die Versuche 3—8 in der Tabelle 2. Die Werte bewegen sich zwischen 6,8—12,9 mg N bzw. 143—272 mg m²/Tag, als Mittel ergibt sich 9,1 mg N kg/Tag bzw. 181 mg N m^2/Tag. Die Werte überschreiten die Hungerwerte nur um ein Geringes. Dabei ist hervorzuheben, daß 4 der Versuche sogar unter den Mittelwerten des Voitschen Hungerkot-N mit 174 mg N m^2/Tag liegen, bei Fütterungszeiten, die bis zu 19 Tagen dauerten.

Die Befunde bestätigen die Voitsche Beobachtung, die er in seinen Reizkonstanten für die einzelnen Nährstoffe angibt, daß der Kot-N mit steigender Fettzufuhr nur gering anwächst. Übersteigen die Zufuhren die Resorptionsfähigkeit des Tieres, so soll die N-Ausscheidung beträchtlicher werden. Bei unseren Fettinfusionen war ein eindeutiger Einfluß der Fettausscheidung im Kot nicht festzustellen. Sie bewegt sich allerdings nur zwischen 0,4—4,4%, wobei noch zu berücksichtigen wäre, daß es sich hier um den Gesamtätherextrakt handelt, der ja nicht allein aus nichtresorbiertem Nahrungsfett besteht. Die von uns infundierten Fettmengen sind zum Teil so beträchtlich, daß sie den Energiebedarf des Tieres mehr als decken und die Voitschen Zahlen erreichen. (Bei den gleichmäßigen Dauerinfusionen kommt es meist erst dann zu merklichen Fettausscheidungen im Kot, wenn mehr als 12 g Olivenöl kg/Tag gefüttert wurden.)

Der Einfluß des Fettes auf den Kot-N ist in unseren Versuchen noch geringer als in der Literatur bekannt ist. Von den Werten E. Voits liegt nur einer unserem Mittelwert von 181 mg nahe, die anderen überschreiten ihn beträchtlich. Die höhere N-Ausscheidung dieser Versuche zu den unseren ist sicherlich nicht in den verschiedenen Versuchsbedingungen — Fütterung oder Infusion — zu suchen, sondern vermutlich darin, daß bei den Fütterungen auch noch andere Nährstoffe neben Fett verabreicht worden sind. Sie sind es, die den Kot-N vermehrten. So ist bekannt, daß eine fettreiche Diät deshalb die N-Ausscheidung besonders steigert, weil sie die Nahrung schwerer verdaulich macht, also geringe Mengen in der Nahrung befindlichen N der Resorption entzieht. Bedeutungsvoller ist aber der Einwand, der auch für die Rattenversuche von Mitchell gilt,

Tabelle 2

	Olivenöl täglich g	Kot-fett %	Ver-suchs-tage	Körper-gewicht kg	N-Ausscheidung g				Kot N HarnN %
					gesamt	täglich	kg/Tag	m²/Tag	
3.	101	4,4	16 (2)	11,3—9,8	1,365	0,085	0,0081	0,158	3,3
				10,5	40,8	2,55	0,243	4,705	
4.	71	2,3	15 (2)	9,8—9,0	0,953	0,064	0,0068	0,126	3,0
				9,4	32,12	2,14	0,228	4,252	
5.	118	1,6	15 (1)	11,7–10,6	1,21	0,081	0,0072	0,143	2,9
				11,2	41,5	2,77	0,247	4,889	
6.	(?) 135	2,0	8 (3)	14,2–13,0	1,40	0,175	0,0129	0,272	4,0
				13,6	35,3	4,41	0,325	6,854	
7.	118	2,4	21 (2)	14,3–12,9	2,07	0,099	0,0072	0,153	3,6
				13,6	57,0	2,71	0,200	4,215	
8.	101	0,4	13 (2)	9,9—8,9	1,54	0,119	0,0126	0,236	5,3
				9,4	29,1	2,24	0,238	4,448	

der keinen Unterschied zwischen einer fettreichen und stärkereichen Diät fand, daß die eigentliche Ursache der N-Vermehrung die Begünstigung des Bakterienwachstums und damit die Festlegung von N ist. Diese braucht nicht grundsätzlich Unterschiede zu zeigen, wenn nur ein Nährstoff mehr oder weniger überwiegt.

Die Beobachtung, daß der Kot-N stärker ansteigt, wenn das Fett nicht mehr voll ausgenutzt wird, findet eine zwangslose Erklärung darin, daß bis in den Enddarm freie Fettsäuren gelangen oder die Bakterien aus den Fetten Fettsäuren frei machen, die ihrerseits die Darmwand unspezifisch reizen und N-haltige Abscheidungen erzeugen. Dieser Vorgang tritt natürlich dann besonders stark in Erscheinung, wenn sich Bakterien in größerem Umfange bilden können, wenn also sie begünstigende Schlacken bis in den Enddarm gelangen. Bei unseren Versuchen ist das nicht der Fall. Die Tiere erhielten reines Öl und nebenher nur Wasser. Das Öl gelangt in den bakterienarmen Darm. Es begünstigt das Bakterienwachstum wenig und reizt als Neutralfett die Darmschleimhaut kaum.

Olivenöl erhöht also den Kot-N nur im geringen Umfang. Diese Erhöhung gegenüber der Hungerausscheidung kann durch die vermehrte Verdauungssekretleistung des Darmes bewirkt

Tabelle 3

	Futter g täglich	Kotfett %	Versuchstage	Körpergewicht kg	N-Ausscheidung g gesamt	täglich	kg/Tag	m²/Tag	Kot N / Harn N %
9.	Ölsäure-	9	7 (1)	17,2—16,0	1,70	0,243	0,0147	0,332	4,1
	methylester 49			16,5	41,1	5,87	0,356	8,017	
10.	Ölsäure-	13							
	methylester 60		12 (7)	12,6—10,4	1,35	0,113	0,0097	0,196	5,7
				11,5	23,9	1,99	0,173	3,461	
11.	Ölsäure-	16							
	methylester 76		10 (3)	11,5—9,5	2,81	0,281	0,0268	0,518	5,4
				10,5	52,5	5,25	0,500	9,690	
12.	Ölsäure-	17							
	äthylester 44		11 (1)	13,7—11,3	2,33	0,212	0,0169	0,348	5,7
				12,5	41,2	3,75	0,300	6,154	
13.	Laurinsäure-	3							
	methylester 48		9 (2)	16,7—14,3	2,33	0,259	0,0167	0,368	6,0
				15,5	38,7	4,30	0,277	6,121	
14.	Laurinsäure-	5							
	methylester 44		10 (2)	18,4—15,0	5,10	0,510	0,0305	0,691	7,4
				16,7	69,2	6,92	0,414	9,373	
15.	Laurinsäure-	8							
	methylester 56		9 (2)	17,2—14,8	2,30	0,256	0,0160	0,356	7,1
				16,0	32,5	3,61	0,226	5,033	
16.	Ölsäure 37	6	15 (4)	18,1—14,8	3,87	0,258	0,0156	0,352	7,2
	Glyzerin 20			16,5	53,4	3,56	0,216	4,861	
17.	Ölsäure 51	18	12 (2)	19,3—15,3	4,47	0,372	0,0215	0,493	6,5
	Glyzerin 20			17,3	70,7	5,89	0,341	7,794	
	Traubenzucker 18								

sein. Wie diese und spätere Befunde zeigen, ist die Sekretleistung an sich jedoch nur von untergeordneter Bedeutung für den Kot-N.

Nicht zu vernachlässigen ist für den Kot-N die unter Umständen vorhandene Reizwirkung der Stoffe auf den Darm. Man sieht die Wirkung in den Versuchen 16 und 17, in denen die gefütterte Fettsäure bis in den Enddarm gelangte. Der Kot-N beträgt hier im Mittel 18,5 mg N kg/Tag bzw. 422 mg N m^2/Tag. Die Beobachtung bestätigt die obige Annahme, daß aus Fetten durch Bakterien abgespaltene Fettsäuren reizen können. Daß hierbei einige Tage mitgefütterte Glyzerin macht keine solche Erscheinungen. Eindeutig ist auch die Reizwirkung der in den Versuchen 9—15 infundierten Ester. Ölsäuremethylester, Ölsäureäthylester und Laurinsäuremethylester sind schlecht ausnutzbar und gelangen in den Enddarm. Der Kot-N beträgt im Mittel 15,9 mg N kg/Tag bzw. 400 mg N m^2/Tag. Die Reizwirkung der Stoffe kommt auch darin zum Ausdruck, daß der Kot wasserreicher ist und häufiger entleert wird. In einem Falle war der Kot mit wenig blutigem Schleim bedeckt (Versuch 9). Die eigentliche Verdauungssekretleistung sollte hier bei den kleineren Mengen geringer sein als bei den obigen großen Ölzufuhren.

Ganz anderen Charakter tragen die nun folgenden fettfreien Versuche 18—27. Nach Voit erhöhen sowohl Kohlenhydrate (Stärke) als auch Eiweiß den endogenen Anteil des Kotes beträchtlich. Auch der Zucker, der, wie er unterstellt, weniger Sekrete zur Aufsaugung bedarf, hat einen noch kräftigen N-Zuwachs im Gefolge. Die Voitsche Mengenbeziehung zwischen Nährstoff und Kot-N (K—N : B—E = K) besagt: Kot-N — Hungerkot-N in mg: Energieanteil in %, die der gefütterte Stoff am Gesamtbedarf des Tieres ausmacht, auf die Oberfläche bezogen, ist konstant. Während die Konstante für Fett 0,48 beträgt, ist sie für Stärke 3,32 und für Zucker 2,69. Man sollte also auch bei den Glyzerinzufuhren mit einer kräftigen Erhöhung des Kot-N rechnen dürfen, insbesondere da die Zufuhren so groß sind, daß sie den Energiebedarf des Tieres weit überschreiten. Aber eher das Gegenteil tritt ein. Der Kot-N sinkt zum Teil noch unter den Hungerwert. Die Mittelwerte

Tabelle 4

	Futter g täglich	Versuchstage	Körpergewicht kg	N-Ausscheidung g gesamt	täglich	kg/Tag	m²/Tag	Kot N Harn N %
18.	Glyzerin 274	11 (6)	9,6—8,1	0,95	0,086	0,0096	0,176	3,7
	Wasser 3000	3 Wassertage	8,9	26,0	2,34	0,263	4,827	
19.	Glyzerin 235	13 (7)	11,1—9,3	0,59	0,045	0,0045	0,085	2,4
	Wasser ad lib.		10,2	24,8	1,91	0,187	3,590	
20.	Glyzerin 295	13 (3)	14,8—12,4	1,45	0,112	0,0082	0,173	3,9
	Wasser ad lib.		13,6	37,4	2,87	0,211	4,460	
21.	Glyzerin 219	12 (4)	9,5—7,6	1,40	0,117	0,0134	0,248	3,7
	Wasser ad lib.		8,5	37,8	3,15	0,371	6,693	
22.	Glyzerin 62	15 (7)	9,5—7,4	1,30	0,087	0,0102	0,184	4,2
	Wasser ad lib.		8,5	31,1	2,07	0,244	4,406	
23.	Glyzerin 160	15 (2)	16,2—14,8	1,07	0,071	0,0046	0,102	2,8
	Wasser 3500		15,5	38,4	2,56	0,165	3,645	
24.	Glyzerin 177	16 (2)	19,5—16,5	0,95	0,059	0,0033	0,076	1,9
	Wasser 3300		18,0	51,3	3,21	0,178	4,131	
25.	Glyzerin 177	16 (1)	17,3—15,8	1,45	0,091	0,0055	0,124	3,1
	Wasser 3400		16,5	46,1	2,88	0,175	3,943	
26.	Glyzerin 200	14 (2)	17,8—16,2	0,82	0,059	0,0034	0,078	2,6
	Wasser 1500		17,0	31,4	2,24	0,132	3,002	
27.	Glyzerin 200	11 (2)	16,8—16,3	1,68	0,151	0,0092	0,207	7,3
	Wasser 2000		16,5	22,9	2,06	0,125	2,817	
	Traubenzucker 100							

betragen in den Versuchen 18—26 7,1 mg N kg/Tag bzw. 145 mg N m²/Tag. Der Versuch 27, bei dem zugleich noch Zucker verabreicht wurde, hat mit 9,2 mg N kg/Tag bzw. 207 mg N m²/Tag einen wenig erhöhten Kot-N.

Im Gegensatz zur Stärkefütterung erhöht die Glyzerininfusion die Kotbildung nicht, soweit Augenschein und Entleerungsmodus dafür maßgeblich sein können. Im Kot wurde niemals Glyzerin nachgewiesen. Darmreizungen sind bei den Versuchen 18—22, die mit hochprozentigem Glyzerin (70%) durchgeführt wurden, sicher vorhanden gewesen. Bei gelegentlichen Sektionen sind sie festgestellt worden. Jedoch war der Darm nur in kurzem Bereich unterhalb der zuführenden Schlauchmündung — oberes Jejunum — gerötet. Der Darm verdünnt das Glyzerin schnell, und die osmotische Reizwirkung schwindet damit rasch. Er saugt das Glyzerin schon in den oberen Partien restlos auf. In den Versuchen 18—22 ist bis auf den Versuch 19 in der Tat ein gering erhöhter Kot-N zu finden, gegenüber den Infusionen, die mit verdünnter Glyzerinlösung durchgeführt worden waren. Daß die im oberen Darm entstehenden N-haltigen Reizprodukte den Kot-N nur so wenig erhöhen, findet eine Erklärung darin, daß tiefere Dünndarmabschnitte sie verdauen und aufsaugen. Der Kot-N ist also nicht grundsätzlich der Spiegel der Reizvorgänge im Gesamtdarm. Reizgröße und Kot-N sind hier nicht in ein bestimmtes Verhältnis zu bringen, wie es Voit versucht hat.

Dieses Ergebnis wirft ein allgemeines Problem auf. Wenn die vom Darm gelieferten N-haltigen Bestandteile zum Teil verdaut und wieder resorbiert werden, so werden sie um so vollständiger aus dem Darmchymus verschwinden, je höher sie im Darm entstehen. Nur jene N-haltigen Teile werden den Kot belasten, die entweder schlecht verdaulich sind, den Darm rasch passieren usw., oder, die im unteren Darmabschnitt entstanden, nicht mehr günstige Bedingungen für ihre Verdauung und Resorption vorfinden. Das gleiche gilt auch für Verdauungssekrete und andere Darmabsonderungen oberer Abschnitte. Auch ihr N muß und wird vermutlich nicht den Kot-N wesentlich belasten. Die Parallelität zwischen Kot-N und Sekretbildung einer Nahrungsmenge sind daher noch sehr offener Natur. Uns scheint eine direkte meßbare Beziehung nicht zu bestehen. Diese Feststellungen stehen zugleich mit unseren Beobachtungen an den Fetten und Estern in gutem Einklang.

Noch eine andere grundsätzliche, hier allerdings weniger dringliche Frage, wird aufgeworfen. Was wird aus den vom Darm gelieferten N-haltigen Produkten? Es besteht die Möglichkeit, daß ihr N im Harn erscheint. In der Tat ist der Harn-N bei den Fütterungen mit reizenden Fettestern, freien Fettsäuren usw. stets erhöht. Leider kann man hier aus der Erhöhung nicht auf den Anteil aus dem Darm zurückschließen, weil auch der intermediäre N-Haushalt beeinflußt wird. Bei Fütterungen von Methylestern ist es wohl der Mangel antiketogener Anteile, der steigernd wirkt. Unter Olivenöl wird etwa gleichviel Harn-N ausgeschieden wie im Hunger. Bei dieser Frage sind aber viele Faktoren mitbestimmend, die sich mit den jeweiligen Versuchsbedingungen ändern. Näher darauf einzugehen, würde hier zu weit führen.

Tabelle 5

	Wasser g täglich	Versuchstage	Körpergewicht kg	N-Ausscheidung				Kot N / Harn N %
				gesamt	täglich	kg/Tag	m²/Tag	
28.	2800	15 (3)	10,0—7,28	1,13	0,075	0,0088	0,159	2,7
			8,6	42,1	2,81	0,326	5,918	
29.	3000	18 (8)	12,0—8,8	1,50	0,083	0,0076	0,152	3,4
			11,0	44,6	2,48	0,225	4,433	

In gleicher Weise wie bei der Glyzerinzufuhr verhält sich der Kot-N bei alleiniger großer Wasserzufuhr. In den Versuchen 28 und 29 werden im Mittel 8,2 mg N kg/Tag bzw. 155 mg N m²/Tag ausgeschieden. Auch diese Mengen liegen etwas unter dem Kot-N im Hunger. Sie weisen wie bei der Glyzerinfütterung auf die Wirkung der großen Durchspülung hin, die die Konzentration der N-Schlacken vermindert.

Interessant ist weiterhin das Verhalten des Kot-N zum Harn-N. Wird der Kot-N, wie bei unseren Infusionen, durch besondere Ballaststoffe nicht beeinflußt, so ist eine Tendenz spürbar, mit dem Harn-N zu steigen oder zu fallen. Zwischen beiden stellt sich ein in engen Grenzen schwankendes Verhältnis ein. So beträgt der Kot-N bei der Mehrzahl der Fütterungen mit Olivenöl, Glyzerin und Wasser etwa 3—4% vom Harn-N, wenn man von einzelnen Ausnahmen, die stärker streuen, absieht. Im Mittel der Versuche 3—8 und 18—29 beträgt er 3,53%.

Bei der anderen Gruppe (Versuch 9—17), die eine besondere zusätzliche Reizwirkung des Futterstoffes enthält, erhöht sich der Kotanteil auf 6—7%. Wir nehmen an, daß in erster Linie hochmolekulare, von der Darmwand abgegebene Reizprodukte die Ursache für diesen begrenzten Zuwachs des Kot-N sind. Doch ist auch bei diesen Versuchen eine gewisse Wechselbeziehung mit dem meist erhöhten Harn-N anzunehmen. Erhöhter N-Anfall im intermediären Stoffwechsel bedeutet ja auch erhöhte spezifische Exkretion in den Darm, und es wird wohl auch der lösliche harnfähige N bei den intestinalen Flüssigkeitsverschiebungen — wenn auch vielleicht nur vorübergehend — in erhöhter Konzentration angeboten werden. Finden Bakterien nun allgemein günstige Entwicklungsmöglichkeiten, so bauen sie einen größeren Teil des niedermolekular exkretierten N, der sonst wieder rückresorbiert worden wäre, als Eiweiß ein. Es ist im Schrifttum bekannt, daß gegenüber dem Hungerkot der schlackenhaltige Kot und der Reizkot mehr Bakterien enthalten. Interessant ist auch im Hinblick auf das N-Studium mit fettreicher Diät, daß reichlich Fett in der Mischnahrung die Bakterienflora nach der Fäulnis hin umstimmt, hier also spezifisch fördernd wirkt.

Eine bemerkenswerte Ausnahme macht der Glyzerinversuch 27, bei dem Glukose mitverfüttert worden ist. Er zeigt nur einen absolut wenig erhöhten Kot-N, in seinem Verhältnis zum Harn-N fällt er aber aus dem Rahmen heraus. Er ist mit 7,1 mehr als doppelt so hoch als bei den vorherigen Versuchen. Es spräche ein solches Verhalten für die Voitsche Angabe, daß Zucker eine hohe „Reizkonstante“ hat. Wir nehmen an, daß die infundierte Glukose Darmbakterien Entwicklungsmöglichkeit bot, die reines Glyzerin nicht hat, und daß auf diesem Wege der Kot-N erhöht wurde. Glyzerin allein bildet aus verschiedentlichen Gründen eine schlechte Entwicklungsgrundlage für Bakterien, deshalb fehlt bei ihm die N-Erhöhung.

In unseren Versuchen fanden wir, daß schlackenfreie Nährstoffe den Kot-N gegenüber dem im Hunger nur wenig ändern. Diese Befunde stimmen mit manchen Beobachtungen des Schrifttums nicht überein, welche sich auf Versuche mit nicht schlakkenfreien Nährstoffen gründeten. Wir können z. B. die VOITsche Mengenbeziehung zwischen Kot-N und Energiegehalt der Nährstoffe nicht bestätigen. Aus anderen Gründen lehnte auch MITCHELL schon die Verknüpfung dieser beiden Größen ab. MITCHELL und B. H. SCHNEIDER vertraten statt dessen die Ansicht, daß die konsumierte Menge an Trockensubstanz der Nahrung die Größe des Kot-N bestimmt. Wir können uns aber auch dieser Auffassung nicht anschließen. Sowohl VOIT als auch MITCHELL und SCHNEIDER fanden annähernd lineare Verhältnisse zwischen ihren beiden Bezugsgrößen. Es kommt unserer Meinung nach nicht auf die konsumierte Nährstoffmenge an, wenn auch von ihr eine geringe Einwirkung ausgeübt wird, sondern auf die schlackenbildende Fähigkeit der Nahrung und ihre Begünstigung des Bakterienwachstums. Wenn sich bei einem Futter diese Bedingungen mit der Menge ändern, so wäre ebenfalls eine lineare Beziehung zu erwarten, die die Beobachtungen von VOIT sowie von SCHNEIDER erklären würde. Die Grundursachen sind jedoch völlig andere. Man muß die Tatsachen noch eingehender studieren. Sie haben für die theoretischen Ausdeutungen des N-Haushaltes Bedeutung und gehen über N-Bilanzstudien praktischer Ernährungsfragen weit hinaus.

Der endogene Kot-N ist ein Produkt verschiedenster Quellen, die vom Darm und seinen Bewohnern in wechselnder Weise abgeändert werden können. Wir meinen auch, daß er nicht so konstant ist, wie es SCHNEIDER aus seinen Versuchen ableitet, sondern daß er gewissen, wenn auch im praktischen Versuch nur gering hervortretenden Schwankungen unterworfen ist, wie es sein Verhältnis zum wechselnd großen Harn-N anzeigt. Grob quantitativ betrachtet, ist der endogene Kot-N praktisch konstant und im Rahmen des N-Gesamthaushaltes nur geringfügig ins Gewicht fallend. Diese Tatsache sagt aber weiterhin noch nichts über die Konstanz qualitativer Art aus, die für spezielle Studien im N-Haushalt wichtig werden kann. Die Form, in der der N im Kot vorliegt, zeigt weiterhin nicht auch seine Herkunft einwandfrei an. Doch ist dies für uns eine cura posterior.

Unsere eingangs gestellten Fragen wären demzufolge so zu beantworten, daß der endogene Kot-N in den N-Bilanzen vernachlässigt werden darf. Er verfälscht die reellen Schwankungen des intermediären N-Haushaltes nicht wesentlich. Notfalls kann er als prozentischer Anteil an der Gesamt-N-Ausscheidung abgeschätzt und in Rechnung gestellt werden. Außerdem dürfen wir feststellen, daß die besondere Versuchsanordnung der kontinuierlichen Dauerinfusion, soweit bisher Vergleichsmöglichkeiten mit normalen Ernährungsbedingungen bestehen, keine von der Norm abweichenden Verhältnisse in der N-Verteilung schafft.

Zusammenfassung

Bei Versuchen mit kontinuierlicher Dauerinfusion in den Darm wurde das Verhalten des endogenen Kot-N bei schlackenfreien und N-freien Nährstoffen untersucht. Olivenöl erhöht die N-Menge gegenüber der Hungerausscheidung geringfügig; Ölsäuremethylester, Ölsäureäthylester, Laurinsäuremethylester und freie Ölsäure erhöhen ihn stärker auf Grund allgemeiner Reizwirkungen auf den Darm und über eine Erhöhung der Gesamt-N-Ausscheidung des Körpers. Glyzerin- und Wasserzufuhr erhöhen den Kot-N nicht, senken ihn vielmehr gering, wohl auf Grund einer stärkeren Durchspülung des Körpers.

Der endogene Kot-N beträgt nur wenige Prozent vom Harn-N. Er gleicht sich zudem meist der Größe des Gesamt-N, gemessen am Harn-N, an.

Schrifttum

1. E. STRACK, Berichte der math.-phys. Klasse der sächs. Akad. d. Wiss. 84 129 (1932).
2. E. STRACK und G. FRIEDRICH, desgl. 93, 115 (1941).
3. SCHMIDT-STRASSBURGER, Die Fäzes des Menschen. Berlin 1915.
4. Handbuch der Biochemie des Menschen und der Tiere. Jena. M. SCHREUER, Bd. V, S. 345 (1925); Fr. W. KRZYWANEK, Ergänzungsband IV—VI, S. 522 (1934).
5. E. VOIT, Ztschr. f. Biologie **92**, 169 (1932).
6. H. H. MITCHELL, J. of biolog. Chem. **105**, 537 (1934).
7. B. H. SCHNEIDER, J. of biolog. Chem. **109**, 249 (1935).

BERICHTE ÜBER DIE VERHANDLUNGEN DER SÄCHSISCHEN AKADEMIE DER WISSENSCHAFTEN ZU LEIPZIG

In Vorbereitung befinden sich weiter folgende Hefte:

Philologisch-historische Klasse

BAND 97

Heft 1

Theodor Frings

Antike und Christentum
an der Wiege der Deutschen Sprache

35 Seiten · 1949 · 2.50 DM

Bestell- und Verlagsnummer: 2026/97/1

Heft 2

Friedrich Weller

Zum mongolischen Tanjur

Heft 3

W. Baetke

Die Götterlehre der Gylfaginning

Mathematisch-naturwissenschaftliche Klasse

BAND 97

Heft 2

Ernst Hölder

Über die Variationsprinzipe der Mechanik der Kontinua

Heft 3

H. Gerstner, H. Baark, H. Graul

Der Wechselstromwiderstand der Froschhaut

Heft 4

E. Heidebroek

Das Verhalten von zähen Flüssigkeiten, insbesondere Schmierstoffen, in engen Spalten

Die Hefte erscheinen in zwangloser Folge

AKADEMIE-VERLAG · BERLIN NW 7

FSC
www.fsc.org
MIX
Papier | Fördert
gute Waldnutzung
FSC® C083411

Zeitfracht Medien GmbH
Ferdinand-Jühlke-Straße 7
99095 Erfurt, Deutschland
produktsicherheit@kolibri360.de